# NOTICE





SUR

## L'ÉTABLISSEMENT THERMAL

DE

# VALS

(Ardèche).

# EXTRAIT DU RAPPORT GÉNÉRAL

## SUR LE SERVICE DES EAUX MINÉRALES DE FRANCE

Lu à l'Académie de Médecine, dans sa Séance publique de décembre 1865

### Par M. PIDOUX, Rapporteur

————▷—✕—◁————

« Les eaux de Vals prennent chaque jour plus
« d'importance.

« Ce qui a le plus frappé notre commission
« dans le volumineux et important mémoire qu'a
« présenté M. le docteur Chabannes, médecin ins-
« pecteur de cet établissement, sous le titre de
« *Clinique de Vals*, ce sont les réflexions pratiques
« très-justes de ce médecin sur les *dyspepsies in-*
« *testinales*, les *entérites*, la *diarrhée* et la *consti-*
« *pation*, ainsi que ses succès dans ces différentes
« affections, et encore dans les *névralgies*, les
« *calculs* et les *engorgements* du foie.

Le Rapporteur termine en disant : « Telles sont
« les raisons qui nous ont décidé à faire à l'Aca-
« démie une mention spéciale de ces eaux salutaires
« et des recherches de leur inspecteur. »

# NOTICE

SUR

## L'ÉTABLISSEMENT THERMAL

DE

# VALS

(Ardèche).

MARSEILLE

TYPOGRAPHIE Vᵉ MARIUS OLIVE,

RUE PARADIS, 68.

1868.

Établissement Thermal de VALS (Ardèche)

# EAUX MINÉRALES DE VALS.

L'usage des eaux minérales de Vals, date de 1600 ; la
*Marquise* et la *Marie* furent les premières sources dé-
couvertes : Marie de Montlaur, marquise d'Ornano, donna
son titre à l'une et son nom à l'autre. Leurs eaux devin-
rent en vogue sous Louis XIV, et l'on a conservé des
factures d'envois faits aux plus grands personnages de
la Cour de Versailles.

Leur efficacité et leur réputation nous sont l'une et l'autre attestées par les écrivains du temps.

En 1610, Claude Expilly, président du Parlement de
Grenoble, rimait une ode aux Nymphes de Vals, qui l'a-
vaient guéri de la gravelle.

M^me de Sévigné en parle dans ses lettres : « l'un va à Vals,
parce qu'il est à Paris, l'autre à Forges, parce qu'il est à
Vals ; tant il est vrai que jusqu'à ces pauvres fontaines,
nul n'est prophète dans son pays. »

Un passage de l'Encyclopédie nous apprend qu'il était
d'usage établi chez les Parisiens d'aller boire les eaux de
Vals et de les faire transporter à Paris.

Les qualités précieuses des eaux de Vals, attirèrent
également de bonne heure l'attention des hommes spé-
ciaux. Longue est la liste de ceux qui s'en occupèrent.
Une indication même sommaire de leurs ouvrages serait
ici déplacée. On se bornera à signaler ceux que l'on croit
les plus utiles à consulter.

En 1657, Antoine Fabre publia sur les eaux du Vivarais un livre demeuré classique, dans lequel celles de Vals
occupent le premier rang.

En 1673, le D^r Serrier écrivit deux remarquables études
sur le même sujet.

De nos jours, l'illustre chimiste Lyonnais Alphonse Dupasquier, fut guéri par la Chloé, à laquelle il donna le nom de sa femme ; il a fait sur cette source, un travail précieux au triple point de vue indiqué par le titre même de sa brochure : *Notice Chimique, Médicale et Topographique sur une nouvelle source découverte à Vals.*

Toutes ces productions ont eu pour couronnement un traité en deux parties, dont les auteurs se sont proposé l'étude approfondie des sources appartenant spécialement à l'Établissement Thermal. De ces deux parties, la première est consacrée à leur analyse chimique ; elle est l'ouvrage de MM. Ossian HENRY, membre de l'Académie Impériale de Médecine et Eugène LAVIGNE, ingénieur, dont les noms dispensent de tout éloge. La seconde partie est toute médicale ; elle est due à la plume exercée de M. le Dr CHABANNES, médecin inspecteur de l'Établissement, qui y a consigné en quelques pages les observations par lui recueillies sur les vertus curatives des eaux minérales de Vals pendant une longue pratique.

De toutes les personnes qui voudront lire ou seulement consulter quelques-uns de ces ouvrages, très-certainement aucune n'osera contredire les affirmations suivantes :

LES EAUX MINÉRALES DE VALS, CONGÉNÈRES A CELLES DE VICHY, OFFRENT DE PLUS QUE CES DERNIÈRES DES RESSOURCES INFINIES A LA MÉDECINE, A RAISON :

1° DE LEUR NOMBRE ET DE LEUR ABONDANCE ;

2° DE LA RICHESSE ET DE LA VARIÉTÉ DE LEUR MINÉRALISATION ;

3° DE L'HEUREUSE GRADUATION DE LEURS ÉLÉMENTS CHIMIQUES ;

4° DE LEUR FACILITÉ A ÊTRE TRANSPORTÉES ET CONSERVÉES.

# VALS

—

Vals est une gracieuse petite ville, heureusement assise sur les bords de la Volane, et presque au confluent de cette rivière et de l'Ardèche.

L'altitude de Vals est de 240 mètres au-dessus du niveau de la mer.

La vallée où il est situé ne serait déplacée ni dans les Alpes ni dans les Pyrénées ; le site est ravissant, l'air sain et pur, le climat doux et tempéré.

---

## SOURCES DE L'ÉTABLISSEMENT THERMAL

Les sources dont l'Établissement Thermal est propriétaire peuvent être classées en trois groupes :

1er GROUPE (*sources fortes*) : **Marquise, Constantine, Souveraine, Chloé,**

2e GROUPE (*sources faibles*) : **Pauline, Saint-Vincent-de-Paul, Source des Convalescents.**

3e GROUPE (*à part*) : **Saint-Louis.**

Le tableau suivant donnera une idée de la précieuse graduation qui caractérise cette composition chimique.

# ÉTABLISSEMENT THERMAL DE VALS (ARDÈCHE)

## Tableau des Analyses des Sources.

### 1er GROUPE
*Eaux bi-carbonatées sodiques fortes et moyennes.*

| SUBSTANCES CONTENUES DANS LES EAUX. | MARQUISE analysée par M. Berthier | CONSTANTINE | SOUVERAINE | CHLOÉ analysée par M. Dupasquier. |
|---|---|---|---|---|
| | | analysées par MM. O. Henry et Lavigne. | | |
| Silicate d'Alu. Pot. et Sou. | gr. 0,116 | 0,1590 | 0,1020 | 0,109 |
| Carbonate ferreux | 0,015 | 0,0067 | 0,0036 | 0,091 |
| — manganèse | » | traces. | traces. | traces. |
| Bicarbonate de potasse | » | 0,0710 | 0,0690 | 0,045 |
| — de soude | 7,154 | 7,0530 | 6,5150 | 5.239 |
| — de lithine | » | traces. | insensible. | » |
| — de chaux | 0,180 | 0,4370 | 0,2700 | 0,169 |
| — de magnésie | 0,125 | traces. | 0, 0090 | 0,166 |
| Chlorure de sodium | 0,060 | 0,2800 | 0,3370 | 0,189 |
| Sulfate de soude | 0,953 | 0,2040 | 0,2610 | 0,173 |
| Azote | pas | pas. | pas. | pas. |
| Acide sulfureux | pas | pas. | pas. | pas. |
| Iode | » | traces. | traces. | » |
| Matières organiques | traces. | traces. | indices | traces. |
| Phosphates alcalins | indiques. | indiques. | indiqués. | indiqués. |
| Arsenic | traces. | pas. | pas. | pas. |
| | gr. 7,703 | 8,2107 | 7,5686 | 6,155 |
| Acide carbonique libre | 1,500 | 2,1000 | 2,2000 | 1,626 |
| | 9,203 | 10,3107 | 9,7686 | 7,781 |

### 2me GROUPE
*Eaux bi-carbonatées sodiques faibles*

### 3me GROUPE
*Eau sulfo-arsenicale ferrugineuse.*

| | CONVALESCENTS | PAULINE |
|---|---|---|
| | analysées par MM. O. Henri et Lavigne. | |
| | 0,1390 | 0,1824 |
| | 0,0475 | 0,00907 |
| | traces | très-sensible. |
| | traces | traces |
| | 1,7140 | 1,6117 |
| | indices. | très-sensible. |
| | 0,0538 | 0,0288 |
| | traces | 0,0083 |
| | 0,2280 | 0,0414 |
| | 0,4270 | 0,1696 |
| | pas. | pas. |
| | pas. | pas. |
| | pas. | pas. |
| | indices. | indices. |
| | indiques. | indiques. |
| | pas. | pas. |
| | 2,6093 | gr. 2,01527 |
| | 1,2400 | gr. 2,13860 |
| | 3,8493 | 4,13387 |

SOURCE SAINT-LOUIS — analysée par MM. O. Henry et Lavigne.

| | |
|---|---|
| Silicate multiple de fer | 0,0197 |
| — d'alumine | 0,0454 |
| — de manganèse | traces |
| — de chaux | 0,0178 |
| — de soude | 0,0185 |
| | (0,1014 gr.) |
| Sulfate de protoxide de fer | 0,0766 gr. |
| — de sexquioxide de fer | 0,0416 |
| — de chaux | 0,0320 |
| — de potasse | traces |
| — de soude | 0,1125 |
| Chlorure de sodium | à peine indiq. |
| Phosphate de soude | indiqué |
| Acide sulfureux | traces |
| Acide sulfurique | 0,0996 |
| Arseniate ou arsenites | 0,0010 |
| Sulfate de Magnésie | indiqué |
| Matières organiques | traces |
| Total | 0,4647 |

# EAUX DU PREMIER GROUPE.

(Minéralisation forte).

**SOURCE MARQUISE.** — La plus ancienne et la plus minéralisée des eaux de Vals, la *Marquise* a fondé et soutenu la célébrité de cette station. Pendant longtemps elle fut seule exportée ; la plus riche de toutes ces sources en bi-carbonate de soude, elle est souveraine dans toutes les affections invétérées des organes digestifs , maladies de foie, calculs hépatiques, gravelle , goutte , diabète, engorgements, etc.

**SOURCE CONSTANTINE.** — Presque identique à la *Source Marquise* par sa composition chimique, elle en a la saveur et les propriétés.

Elle est très-recommandée, toutes les fois que la médication alcaline doit être employée, dans toute sa force, contre les affections invétérées des viscères abdominaux, calculs biliaires , etc.

**SOURCE SOUVERAINE.** — Le bi-carbonate de soude, qui est représenté par la proportion considérable de 7 gr. 154 et 7 gr. 053 dans les sources *Marquise* et *Constantine* , descend à 6 gr. 515 dans la *Souveraine* , pour descendre encore graduellement à 5 gr. 289 dans la *Chloé*.

L'usage de l'eau de la *Souveraine* sera préféré , lorsqu'on voudra déterminer des effets apéritifs, fondants, résolutifs sans tonifier l'organisme déjà trop pléthorique.

**SOURCE CHLOÉ-DUPASQUIER** — La *Chloé-Dupasquier* a pris le nom du savant chimiste de Lyon, qui, le premier, étudia et détermina sa constitution chimique.

L'abondance de son gaz acide carbonique, sa limpidité et sa fraîcheur font qu'elle est bue avec plaisir soit à table soit dans l'intervalle des repas. Elle constitue un excellent traitement dans les dyspepsies atoniques, gravelles, débilités générales, affections scorbutiques, maladies du foie, maladies des voies urinaires, etc.

# EAUX DU SECOND GROUPE.

(Minéralisation faible).

**SOURCE DES CONVALESCENTS.** — Sa minéralisation sert de transition heureuse entre le 1$^{er}$ et le 2$^{e}$ groupe; faiblement alcaline, elle est de beaucoup la plus ferrugineuse des eaux de Vals; d'une facile digestion, elle est toni-reconstituante, apéritive, et convient principalement pour ranimer les forces épuisées. Ses succès sont surtout très-prompts dans les affections chlorotiques.

**SOURCE SAINT-VINCENT-DE-PAUL.** — C'est la source dont usent de préférence les habitants de Vals; Son eau est limpide, sursaturée d'acide carbonique; elle se marie fort bien avec le vin, sans en altérer la couleur. Légèrement laxative sans être purgative, elle détruit la constipation la plus invétérée et son usage ne peut être nuisible.

**SOURCE PAULINE.** (*Eau de table*). — Tout en se rapprochant beaucoup de la *Marquise* et de la *Chloé* par la nature de ses éléments gazeux et sodiques, la *Source Pauline* en diffère par une quantité moindre de bi-carbonate de soude et de sels ferro-manganiques: aussi elle constitue une eau de table qui convient à tous les tempéraments.

Mélangée aux sirops acides, l'eau de la *Pauline* forme une boisson aussi agréable qu'hygiènique. MM. O. Henry et Lavigne ayant constaté la présence de la lithine, on doit indiquer son usage journalier à toutes les personnes atteintes de gravelle, ce qui les mettra à l'abri de toute formation de calcul.

# EAUX DU TROISIÈME GROUPE.

( Eau sulfo-arsenicale ferrugineuse ).

**SOURCE SAINT-LOUIS.** — MM. Ossian Henri et Lavigne, chargés de l'analyse de cette eau, s'expriment ainsi : « Ce groupe est représenté par la source Saint-Louis QUI EST UNIQUE EN CE GENRE. Ses caractères sont d'être acide par l'acide sulfurique libre, de contenir des sulfates de protoxide et de sesqui-oxide de fer en quantité considérable, d'être arsénicale, et d'être privée d'acide carbonique. Ses propriétés curatives sont tellement grandes, que M. le docteur Chabannes dit dans sa clinique: « Faut-il combattre une cachexie ancienne, une dyspepsie intestinale, résultat de maladies antérieures graves, de fièvres intermittentes miasmatiques, de souffrances morales, ou physiques, etc ? la *Source Saint-Louis*, par ses propriétés éminemment reconstituantes et sédatives, trouve, dans ces cas, une heureuse application ; il faut l'administrer toutes les fois que l'on veut tonifier en calmant ou calmer en tonifiant : elle a du fer l'action reconstituante, sans en avoir les propriétés irritantes, et, par son arsenic, elle est dépurative. » Son usage est aussi conseillé, soit en boissons, soit en bains ; aussi M. Chabannes ajoute : « la découverte de cette belle fontaine a comblé heureusement une lacune regrettable, et nous avons pu, pendant la saison de 1867, administrer des bains composés par nos eaux sulfo-arsenicales ». *(Bains qu'on ne rencontre nulle part ailleurs)*.

# ITINÉRAIRE.

Vals est situé dans le département de l'Ardèche, à 3 kilomètres d'Aubenas et à 20 kilomètres du Chemin de fer de Lyon à Marseille.

Il est desservi par voie de correspondance avec les stations de Privas et de Montélimar. Ce service est fait par l'Administration des Messageries Impériales, dont les diligences effectuent le trajet de Montélimar à Aubenas en quatre heures environ, au prix de 5 fr. 40 pour les places de coupé, et de 4 fr. pour celles de l'intérieur ; et de Privas à Aubenas en 3 heures 20 minutes, au prix de 3 fr. 50 le coupé et de 2 fr. 75 l'intérieur.

Des omnibus correspondent avec l'arrivée de toutes les voitures et conduisent ensuite le voyageur jusques à Vals en quelques minutes.

Quant au trajet jusqu'aux gares de Privas et de Montélimar, on en connaîtra les conditions exactes en consultant les tableaux suivants, dont le premier (*tableau A*) indique la durée du parcours, le second et le troisième (*tableaux B et C*) les heures de départ et d'arrivée, et le quatrième (*tableau D*) le prix des places.

# CARTE ROUTIÈRE DE L'ETABLISSEMENT THERMAL DE VALS (Ardèche)

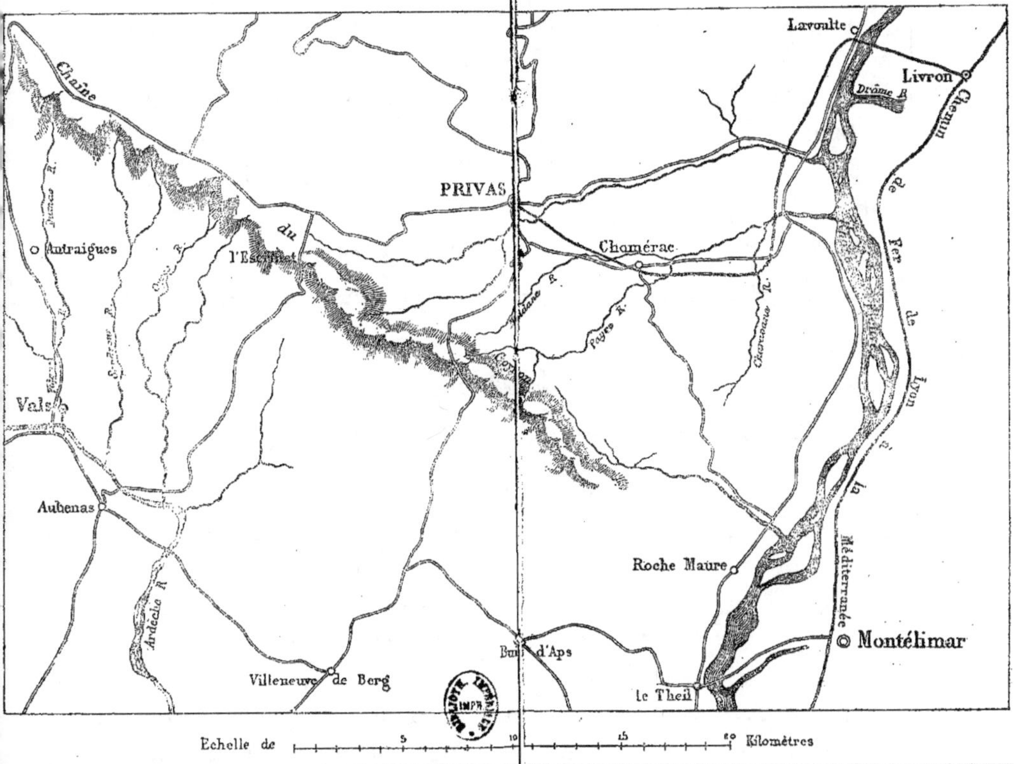


Imp Vve Marius Olive

# TABLEAU A.
## Durée du trajet.

| GARES<br>de départ. | GARES<br>d'arrivée. | TRAJET<br>en chemin de fer | TEMPS<br>d'arrêt. | DURÉE<br>totale. |
|---|---|---|---|---|
| PARIS...... | Privas. | 15 h. 36 | 1 h. 36 | 16 h. 36 |
| LYON ...... | Id. | 2 — 55 | 1 — 05 | 4 — » |
| MARSEILLE.. | Montélimar. | 4 — 30 | » — » | 4 — 30 |
| TOULON .... | Id. | 6 — » | » — 55 | 6 — 55 |
| NICE....... | Id. | 10 — 15 | » — 55 | 11 — 10 |
| NÎMES...... | Id. | 3 — 12 | » — 17 | 3 — 29 |
| MONTPELLIER | Id. | 4 — 45 | » — 17 | 5 — 02 |

# TABLEAU B.
## Heures des départs de nuit.
( Trains express ).

| GARES<br>de départ. | HEURES<br>du départ. | | GARES<br>d'arrivée. | HEURES<br>d'arrivée<br>A AUBENAS. |
|---|---|---|---|---|
| | *(express)* | | | |
| PARIS........... | 8 h. | soir | Privas. | 4 h. 15 |
| LYON........... | Id. | | Montélimar. | 8 h. du mat. |
| | *(express)* | | | |
| MARSEILLE ....... | 10 | » » | Id. | Id. |
| TOULON.......... | 7 | 37 » | Id. | Id. |
| MONTPELLIER..... | 9 | 35 » | Id. | Id. |
| NÎMES........... | 11 | 05 » | Id. | Id. |

## TABLEAU C.
# Heures des départs de jour.
(Trains express).

| GARES de départ. | HEURES du départ. | | | GARES d'arrivée. | HEURES d'arrivée A AUBENAS. |
|---|---|---|---|---|---|
| PARIS........ | *exp.* | 11 h. | mat. | Montélimar. | 8 h. matin. |
| Id. | *dir.* | 3 | 5 soir | Privas. | 4 h. soir. |
| LYON......... | *exp.* | 7 | 30 mat | Id. | Id. |
| MARSEILLE.... | | 11 | 30 » | Montélimar. | 9 h. soir. |
| TOULON...... | | 9 | 10 » | Id. | Id. |
| NICE. ....... | | 8 | 18 soir | Id. | 8 h. matin. |
| MONTPELLIER . | | 11 | 15 mat | Id. | 9 h. soir. |
| NIMES........ | | midi | 40 » | Id. | Id. |

## TABLEAU D.
# Prix des places.
(Premières).

| GARES DE DÉPART. | GARES d'arrivée. | PRIX des places (1res). | | |
|---|---|---|---|---|
| PARIS.................... | Privas. | 74 fr. | 75 c. | |
| Id ................. ..... | Montélimar. | 77 » | 75 » | |
| LYON.................... | Privas. | 17 » | 40 » | |
| Id ....... ............. ..... | Montélimar. | 20 » | 40 » | |
| MARSEILLE .............. | Id. | 22 » | 50 » | |
| TOULON....... ......... | Id. | 30 » | » » | |
| NICE................... | Id. | 47 » | 70 » | |
| NIMES.................. | Id. | 14 » | 30 » | |
| MONTPELLIER ............ | Id. | 19 » | 90 » | |

# BAINS — DOUCHES — HYDROTHÉRAPIE.

## BAINS.

Longtemps on s'est contenté de boire les eaux de Vals, et c'est seulement en 1839 que la découverte de la *Chloé* a permis de les utiliser comme bains. Depuis lors, les heureux résultats obtenus par ce mode thérapeutique attirent, chaque année, une foule toujours croissante de baigneurs.

De nouvelles améliorations créées cette année dans cette partie de l'Etablissement, mettent aujourd'hui son administration en mesure de faire face à toutes les exigences. Une machine à vapeur distribue les eaux dans les baignoires. L'emploi de cet utile auxiliaire permet d'éviter tout retard et de donner par jour autant de bains que l'affluence des étrangers pourra le rendre nécessaire.

## DOUCHES ET HYDROTHÉRAPIE.

L'Etablissement Thermal possède un système de douches pour lequel on a adopté toutes les améliorations consacrées par l'expérience.

En outre, des salles sont disposées pour les traitements hydrothérapiques, avec tous les perfectionnements connus jusqu'à ce jour, chambre de sudation, etc.

Le Médecin inspecteur, M. le docteur Chabannes, et d'autres médecins, consacrent leur temps et leurs soins aux malades.

# GRAND HOTEL DES BAINS.

Il y a deux ans à peine, les baigneurs se plaignaient de ne pouvoir se loger que dans l'enceinte de Vals, et par conséquent à une distance assez éloignée des bains. Cet inconvénient n'existe plus : à quelques pas de l'Établissement des Bains, un Hôtel vaste et commode, entièrement meublé à neuf, met désormais la station de Vals à l'abri des reproches qu'elle avait encourus jusqu'à ce jour.

Le *comfort* a été prodigué pour les chambres, et le luxe réservé pour les salons. La salle à manger est très-vaste ; on a décoré richement le salon de réception ; les salons de conversation et de lecture offrent aux étrangers les ressources usitées dans les établissements thermaux.

Le *Grand Hôtel des Bains* est tenu par M. Cauvin, propriétaire à Hyères de l'*Hôtel d'Orient*, dont la cuisine et les appartements sont justement appréciés par la colonie Anglaise qui fréquente, chaque hiver, cette ville. Grâces aux soins intelligents de M. Cauvin, le *Grand Hôtel des Bains* ne laisse rien à désirer pour la modération des prix et pour l'exactitude du service.

## SAISON D'AUTOMNE.

Le mois de septembre et même celui d'octobre constituent une seconde saison que, dans des climats plus froids, la mode a peut-être raison de délaisser, mais qui, à Vals, présente sur la première des avantages incontestables.

On n'ignore pas, en effet, combien l'automne est supérieur au printemps dans tout le sud-ouest de la France ; Vals fait partie de cette zone privilégiée.

C'est alors que le baigneur peut satisfaire ses goûts sans nuire à son traitement, et mettre à profit la beauté de la saison pour visiter les sites pittoresques du Vivarais, jusqu'à ce jour trop peu connus des touristes.

---

# PROMENADES.

Peu de départements en France offrent autant de ressources que celui de l'Ardèche, au crayon du dessinateur, aux études du géologue et aux excursions du simple touriste.

Les dépendances de l'Etablissement Thermal et ses alentours constituent tout d'abord une promenade commode et enchanteresse, grâce à la transformation·que leur ont fait subir **MM. Luizet** père et fils de Lyon, habiles créateurs de jardins pittoresques.

Aux baigneurs désireux d'obtenir une réaction plus complète, le bois Sampigny (10 *min. de distance*) offre un but pittoresque de locomotion.

Vals est lui-même, pour le promeneur, une ressource qu'il aurait tort de dédaigner ; côtoyer la colline, franchir le Pont Submersible création utile et récente, gravir le Calvaire, revenir au besoin par l'Ancien Pont, en suivant les sinuosités d'un sentier que la prolongation du nouveau Boulevard va bientôt faire disparaître, c'est ajouter aux vertus apéritives de la *Chloé* et de la *Pauline* ; c'est encore se bien préparer à faire honneur à la cuisine délicate du Grand Hôtel de l'Etablissement

# EXCURSIONS.

*(Elles peuvent être divisées en  Excursions rapprochées
et  Excursions  éloignées).*

## EXCURSIONS RAPPROCHÉES.

**AUBENAS** *(distance, 5 kil.) Omnibus et voitures particulières.*— Château fort et anciens remparts.— A la place de l'*Airette*, point de vue admirable ; le regard domine la vallée de l'Ardèche, dont il suit avec intérêt le cours, et se repose ensuite sur la chaîne des Coirons, superposée par étages.— Au pied du coteau, la ville basse appelée *le Pont.*
— Belles usines de M. Deydier *(filature de soie)* et Verny *(papeterie).*

La vallée et le village d'Ucel (3 *kil.*).— Ruines du château.— Vallon frais et riant.

*Saint-Etienne de Boulogne et  la vallée de Luol.*— Château féodal, à 8 kil. d'Aubenas. — Ruines encore importantes.

*Jaujac,* dans la jolie vallée de l'Alignon (5 *kil.*). — Volcan éteint, appelé la coupe de Jaujac.— Forêt de châtaigniers. — Colonnades basaltiques. Excursion d'un vif intérêt.

Près de Jaujac sont les mines de houille de Prades, où l'on trouve de belles empreintes végétales.

*Antraigues* (1576 *hab.*), village pittoresquement assis sur un rocher de basalte, qu'enserrent trois torrents. Excursion facile et des plus satisfaisantes. — En face d'Antraigues, la coupe d'Ayzac, volcan éteint, dont la masse rougeâtre se détache sur les verts sommets qui l'environnent.

La route d'Antraigues et du col d'Ayzac suit une vallée délicieuse, dont les aspects changent à chaque instant, et qui rappelle sans trop d'infériorité les plus beaux sites de la Suisse et des Pyrénées.

*La Bastide de Juvénas*, à 3 kil. au N.-O. d'Ayzac, au fond de la vallée de la Bézorgues. Le touriste bon marcheur pourra revenir à Vals, en suivant la rive droite de la Bèzorgues (3 h. de marche),

*Le pont de la Beaume*, a 9 kil., à l'embouchure des rivières de Fontaulière et de l'Alignon dans l'Ardèche.—Entrecroisement de trois coulées basaltiques. — Ruines du château de Ventadour. — Pont en pierres très-beau, récemment construit au pied du château.

*Thueyts et la Gueule d'Enfer* (15 *kil.*), Beau paysage dominé par le volcan de la Gravenne. — La Gueule d'Enfer est une ravine ouverte dans un immense mur basaltique, dont les colonnes simulent un orgue gigantesque. — Au printemps, cascade d'un bel effet.

*Neyrac*, source d'eau, jadis célèbre, située à distance égale de Thueyts et du Pont de la Beaume, au centre même de l'ancien volcan de Saint-Léger.

## EXCURSIONS ÉLOIGNÉES.

L'ancien Vivarais, devenu aujourd'hui le département de l'Ardèche, est une des régions les plus pittoresques de cette partie de la France. Espérons qu'un guide spécial ne tardera pas à remplir une lacune à regretter dans un département peu visité et qui mérite de l'être davantage.

En attendant, bornons-nous à indiquer, comme les plus dignes de l'attention du voyageur, les points suivants :

*Source de la Loire,* au pied du Gerbier des Joncs, l'une des principales sommités du massif du Mezenc. Par sa forme, le Gerbier des Joncs (1562 *m.*) rappelle la dent de Saman des Alpes-Suisses. Du sommet, la vue embrasse d'un côté, le Mont-Ventoux et la chaîne des Alpes, de l'autre le groupe du Mezenc, et dans toute leur étendue le Velay et le Gévaudan.

La *Loire* jaillit au pied du Gerbier des Joncs, sous une cabane de branchages. On a peine à reconnaître l'une des plus belles rivières de la France, dans le mince filet d'eau s'échappant sans bruit d'un bassin à peine profond de quelques centimètres. — Mais cette vallée (Sainte-Eulalie), est charmante, et ne le cède en rien à celle de la Suisse.

De la vallée de Sainte-Eulalie on peut facilement gagner:

*Le Mezenc* (1754 *m.*), montagne trachytique, sur la ligne de faîte d'entre Rhône et Loire. — Vue magnifique. — On aperçoit le Mont-Blanc.

On peut visiter aussi dans les environs :

*Le lac d'Issarlès* (1296 *m. de long.* 1007 *m. de largeur*); entouré de belles prairies. Il occupe le cratère d'un ancien volcan, et nourrit des truites d'une grosseur extraordinaire.

*L'abbaye de Mazan*, fondée en 1720 par les Bénédictins. — Ruines poétiques au milieu d'une belle forêt.

*La ville du Puy-en-Velay* ( 17,000 *hab.* ), chef-lieu du département de la Haute-Loire. — Physionomie féodale. — Belle cathédrale. — Rocher Corneille. — Statue colossale de la Sainte-Vierge, faite par M. Bonnassieux, avec 213 canons pris sur les Russes à Sébastopol. Elle a reçu le nom de Notre-Dame-de-France ; hauteur 16 m. sur 4 m. de diamètre. Elle s'élève majestueusement sur la plate-forme la plus élevée du Rocher Corneille (130 *m. au dessus de la ville*).

Quant aux autres excursions, nous nous contenterons d'énumérer simplement les plus remarquables :

Le pont d'Arc, à Vallon ;

Les grottes de Vallon et de Saint-Marcel d'Ardèche ;

Les villes de Largentière, de Viviers, de Tournon, d'Annonay ;

La forêt de Païolive, près de Berrias ;

La forêt de la Louvese, près de Saint-Félicien—Tombeau de Saint-François-Régis, l'apôtre du Velay. Crêtes de 11 à 1,200 mètres, couvertes de magnifiques sapins ;

Les ruines du château de Crussol ;

Le manoir de Rochemaure et le vallon de Chenavari, sur le Rhône, etc., etc.

# AVIS IMPORTANT

Toutes les bouteilles des Sources d'Eau minérale naturelle appartenant à

## L'ÉTABLISSEMENT THERMAL DE VALS

sont revêtues d'une capsule en étain portant le nom de la Source.

Modèle de la Capsule.

L'Administration de l'Etablissement Thermal déclare ne reconnaître, comme provenant des Sources qui lui appartiennent, que les bouteilles revêtues de la capsule ci-dessus, et portant une étiquette sur laquelle le nom de la Source se trouve répété.

# OUVRAGES A CONSULTER.

ALPHONSE DUPASQUIER. *Notice chimique , médicale et topographique* sur une nouvelle Source d'eau minérale, alcaline, ferrugineuse et gazeuze acidulée, découverte à Vals (Ardèche). Lyon, 1845.

D<sup>r</sup> CHABANNES : *Traité des Eaux minérales de Vals.* Aubenas. 1861.

Auguste LAFORET : *Les Eaux de Vals.* Marseille. 1866.

HENRY VASCHALDE : *Vals autrefois.* Largentière. 1866.

*Notice chimique sur les sources minérales de l'établissement thermal de Vals,* par O. HENRY et E. LAVIGNE ; suivie de la *Clinique de Vals,* par le D<sup>r</sup> CHABANNES.

---

# RENSEIGNEMENTS.

Pour tous renseignements , s'adresser à M. Henry VASCHALDE, Administrateur de l'Etablissement thermal, à **Vals** (Ardèche); — à **Paris**, à M. A. CAYRON, entrepositaire d'Eaux minérales, 6 et 8, passage S<sup>te</sup>-Croix de la Bretonnerie, et 9, rue des Billettes, — et à **Marseille**, à M.<sup>r</sup> PASCAL, pharm., dépositaire des eaux, rue Paradis, 47.

# LA PAULINE

## Eau de Table.

L'*Établissement thermal* de **Vals** (Ardèche) possède dans **La Pauline** une source d'Eau minérale naturelle devenue aujourd'hui la plus recherchée des Eaux de table.

L'efficacité des vertus digestives de **La Pauline** ne justifie pas seule cette préférence. Elle la doit en même temps aux attraits d'une saveur légèrement acidulée, et d'une fraicheur naturelle qui bravent toutes les deux, soit l'épreuve du temps, soit celle du transport.

**La Pauline** n'altère ni le goût ni la couleur du vin ; mélangée avec le plus grand nombre des sirops, elle constitue une boisson hygiénique et rafraîchissante, qui se recommande à l'usage des salons, des restaurants et des cafés.

L'emploi de **La Pauline** est économique ; la bouteille entamée la veille ne perd rien à être servie le lendemain.

**En vente** *dans toutes les villes de France.*

# DÉPOSITAIRES

## des Eaux Minérales de l'Établissement Thermal de VALS.

*Agde*, OLIVASSY, Pharmacien.

*Agen*, LACOSTE, »

*Aix*, CURREL, »

*Alais*, BOURGOGNE, »

*Alexandrie*, MERCIER et Cᵉ, Entreposit. d'Eaux Minérales.

*Alger*, DESVIGNES, Pharmacien.

*Aubenas*, REYNAUD, Entr. d'Eaux min.

*Avignon*, BLANC, Pharmacien.

*Bagnères-de-Bigorre*, TULON, Pharm.

*Bayonne*, LE BŒUF, »

*Béziers*, BONNET-GARRAS, »

*Bordeaux*, PRIVAT, Entr. d'Eaux min.

*Cannes*, GIRARD, Pharmacien.

*Carcassonne*, JOULIA, »

*Carpentras*, LAVAL, »

*Castelnaudary*, CAPELLA, »

*Castelsarrasin*, BOSCREDON, Pharm.

*Castres*, PARAYRE, »

*Cette*, PAILHÈS, »

*Clermont-Ferrand*, LACROZE, Pharm.

*Châlons sur Saône*, MEDAN, »

» » GARNIER, »

*Dax*, LABORDE, »

*Dijon*, HEBERT, »

*Draguignan*, DUPRÉ, »

» OURDAN, »

*Fontainebleau*, PETITOT, »

*Fréjus*, ROUX, »

» REYNAUD, »

*Genève*, BONNEVILLE, »

*Grenoble*, DEPAS, Liquoriste.

*Hyères*, CASTUEIL, Pharmacien.

*Largentière*, VASCHALDE, Ent. d'E. m.

*Lons-le-Saulnier*, MERMET, Pharmac.

*Libourne*, BESSON, »

*Lodève*, HUGONNENC, »

*Lyon*, CHEVALIER, »

» CHARTON, Entr. d'Eaux minér.

*Limoges*, DUMAS, Pharmacien.

*Mâcon*, LACROIX, »

*Marseille*, PASCAL, »

*Melun*, PIGEON fils, »

*Menton*, GRAS, »

» ALBERTOTTI, »

*Moissac*, DISSE, »

*Montauban*, ANGLAS, »

*Mont-de-Marsan*, DIVES, »

*Montereau*, MONBRUN. »

*Montélimar*, BRUN, »

*Montpellier*, GAY, »

» FOURNIER, »

*Moulins*, MERIÉ, »

*Nevers*, PREVOT-COMOY, »

*Nice*, FOUQUE, »

» THAON, Entr. d'Eaux Minérales.

*Nîmes*, GAMEL, » »

*Orléans*, LAHAUSSAIS, Pharmacien.

*Paris*, CAYRON, Entr. d'Eaux Minér.

*Pau*, CAZEAU, Pharmacien.

*Perpignan*, GIRAL, »

*Roannes*, GÉRBAY, »

*Romans*, GERMAIN, »

*Salins*, JAUFFREY, »

*Salon*, CONSTANT, »

*Sens*, LORIFERNE, »

*St-Etienne*, ARNAUD fr. »

*Tarbes*, LENGELLE, »

*Tonnerre*, LEGRIS, »

*Toulon*, PIERRHUGUES, »

*Toulouse*, CAZAC, »

» TANQ, »

*Tournon*, ROCCA, »

» BEAU, »

*Valence*, MAZADE et MARTIN »

» PUZIN, »

*Vienne*, Jules THIBON, »

» GUIZOT, »

# SOURCES MINÉRALES
### DE
# L'ÉTABLISSEMENT THERMAL DE VALS

## 1ᴱᴿ GROUPE
### (Sources fortes).

**Marquise. — Constantine. — Chloë. — Souveraine.**

---

## 2ᴹᴱ GROUPE
### (Sources faibles).

**Pauline. — Saint-Vincent-de-Paul. —** Source des **Convalescents.**

---

## 3ᴹᴱ GROUPE
### (à part).

**Saint-Louis,** Eau ferro-arsenicale.

---

Seules **Pastilles Véritables** aux Sels naturels de l'Établissement Thermal de **Vals**, préparées par PASCAL, Pharmacien de 1ʳᵉ Classe de Paris

Prix : 2 fr. la Boîte et 1 fr. la 1/2 Boîte.

---

Seuls Véritables **Sels naturels** des Eaux de l'Établissement Thermal de **Vals** pour Bains.

Prix du Flacon : 1 fr. 50.

---

Marseille. — Typographie Vᵉ Marius OLIVE, rue Paradis, 68.